全彩印刷

**Ps**

和秋叶一起学

# 秒懂 Photoshop

# 后期修图

☑秋叶 ☑陈磊 编著

人 民 邮 电 出 版 社
北 京

**图书在版编目（ＣＩＰ）数据**

和秋叶一起学：秒懂Photoshop后期修图 / 秋叶，陈磊编著. -- 北京：人民邮电出版社，2022.2
ISBN 978-7-115-58323-9

Ⅰ. ①和… Ⅱ. ①秋… ②陈… Ⅲ. ①图像处理软件 Ⅳ. ①TP391.413

中国版本图书馆CIP数据核字(2021)第268594号

## 内 容 提 要

你是否遇到过类似的问题：拍的照片有瑕疵，不知道怎么处理；分享的照片没风格；手机里的滤镜千篇一律，不能彰显个性……如果你希望快速提高照片处理的能力，并且能够灵活应用，本书就是你学习的不二之选！

本书针对人像、风景两大题材照片，讲解工作和生活中常用的后期修图技巧，这些技巧简单易学，几分钟就能让照片焕然一新。全书共收录了47个 Photoshop 照片处理技巧，每个技巧都配有详细的图文操作说明、配套练习与动画演示。

本书内容从易到难，语言通俗易懂，适合对 Photoshop 感兴趣的初学者阅读。

◆ 编　著　秋 叶　陈 磊
　　责任编辑　马雪伶
　　责任印制　王 郁　彭志环

◆ 人民邮电出版社出版发行　北京市丰台区成寿寺路 11 号
　邮编　100164　电子邮件　315@ptpress.com.cn
　网址　https://www.ptpress.com.cn
　北京瑞禾彩色印刷有限公司印刷

◆ 开本：880×1230　1/32
　印张：5.25　　　　　　　2022 年 2 月第 1 版
　字数：146 千字　　　　　2022 年 2 月北京第 1 次印刷

定价：49.90 元

读者服务热线：**(010)81055410**　印装质量热线：**(010)81055316**
反盗版热线：**(010)81055315**
广告经营许可证：京东市监广登字 20170147 号

# 目 录
# CONTENTS

# 下篇　风景照片修饰

# ▶ 绪 论 ◀

这是一本适合"碎片化"学习的 Photoshop 照片后期处理技能书。

市面上大多数的 Photoshop 类书籍是"大全"型的，不太适合初学者"碎片化"阅读。对于急需应用 Photoshop 技能去解决实际问题的人而言，他们并不需要系统地掌握 Photoshop 的相关知识，也没有那么多的时间去阅读、思考、记笔记，他们更需要的是可以随用随查、快速解决问题的"字典型"技能书。

为了满足初学者的需求，我们策划编写了本书，对初学者关心的痛点问题一一解答。希望能让读者无须投入过多的时间去思考、理解，翻开书就可以快速查阅，及时解决工作和生活中遇到的问题，真正做到"秒懂"。

本书具有"开本小、内容新、效果好"的特点，紧紧围绕"让学习变得轻松高效"这一编写宗旨，根据初学者照片后期处理的"刚需"设计内容。

本书在撰写时遵循以下两个原则。

（1）内容实用。为了保证内容的实用性，书中所列的技巧大多来源于真实的需求场景，汇集了初学者最为关心的问题。同时，为了让本书更有用，我们还查阅了抖音、快手上的各种热点技巧，并择要收录。

（2）查阅方便。为了方便读者查阅，我们将收录的技巧分类整理，使读者在看到标题的一瞬间就知道对应的知识点可以解决什么问题。

　　我们希望本书能够满足读者的"碎片化"学习需求，帮助读者及时解决工作和生活中遇到的问题。

　　做一套图书就是打磨一套好的产品。希望秋叶系列图书能得到读者发自内心的喜爱及口碑推荐。

　　我们将精益求精，与读者一起进步。

　　最后，我们还为读者准备了一份惊喜！

　　用微信扫描下方二维码，关注公众号并回复"秒懂后期修图"，可以免费领取我们为本书读者量身定制的超值大礼包：

47 个配套操作视频

47 套实战练习案例文件

200 张不同风格调色灵感图

300 种拿来即用的风格调色预设

还等什么，赶快扫码领取吧！

# 和秋叶一起学

## 秒懂 Photoshop

## 上篇
## 人像照片修饰

## ▶ 第 1 章 ◀
## 面部与皮肤修饰

爱美之心，人皆有之。一张好看的人像照，可以让自己充满自信，也可以给别人好的印象；一张风格独特的人像照，更是可以让你的魅力值加分。本章主要解决大家在日常拍照过程中遇到的由于痘痘、皱纹、胡茬儿、妆容等多种原因导致人物面部不够美观的问题。

扫码回复关键词"秒懂后期修图"，观看配套视频课程

# 01 如何去除脸上的斑点或痘痘？

　　再高的颜值，有时也难逃斑点和痘痘的命运。如何使用 Photoshop 去除人物脸上的斑点或痘痘呢？

处理前　　　　　　　　　　处理后

**1** 打开照片，在【图层】面板中单击【创建新图层】按钮。

**2** 在工具栏中选择污点修复画笔工具。

**3** 在选项栏中单击【内容识别】按钮，勾选【对所有图层取样】。

**4** 在照片上右键单击，将【硬度】设置为【0%】，【大小】依据照片中痘痘的大小确定即可，案例参考值为 80 像素。

**5** 移动鼠标指针到需要去除的痘痘的位置，单击即可将其去除。

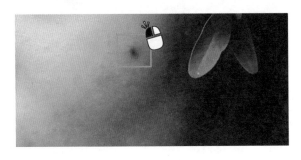

# 02 如何去除脸上的皱纹?

不论年龄大小,皮肤上都可能存在抬头纹、皮肤细纹、法令纹等皱纹。如何能够去除人物脸上的皱纹呢?

处理前

处理后

**1** 打开照片,在【图层】面板中单击【创建新图层】按钮。

**2** 在工具栏中右键单击污点修复画笔工具，选择修补工具。

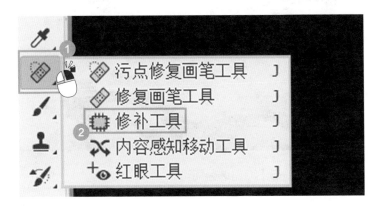

**3** 在选项栏中勾选【对所有图层取样】。

文字(Y)　选择(S)　滤镜(T)　3D(D)　视图(V)　窗口(W)　帮助(H)

修补： 内容识别 ∨ 结构： 4 ∨ 颜色： 0 ∨ ☑ 对所有图层取样

**4** 在照片中，按住鼠标左键，绕着一条皱纹画圈，形成闭合路径后释放鼠标。

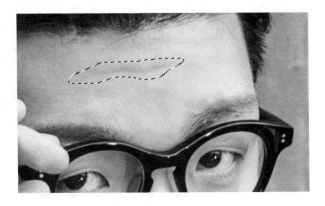

**5** 选中被"蚂蚁线"包围的闭合区域，拖曳到额头上比较平滑的皮肤位置后释放鼠标。

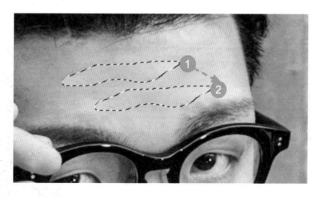

**6** 按组合键【Ctrl+D】取消选区即可。

# 03 如何去除人物的胡茬儿?

男士的照片中如果有胡茬儿,会显得整个人很不精神,甚至有些邋遢。如何用 Photoshop 去除人物的胡茬儿呢?

处理前

处理后

**1** 打开照片，在工具栏中选择仿制图章工具。

**2** 在选项栏中将【模式】设置为【变亮】，【不透明度】设置为【50%】，
【流量】设置为【50%】。

**3** 选择面部皮肤光滑的部分，按【Alt】键的同时单击，完成对皮肤的
采样。

**4** 在有胡须的位置一点一点涂抹，即可去除胡须。

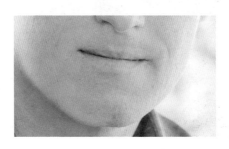

> **注意**
>
> 如发现涂抹时出现奇怪的区域，只需重新找光滑皮肤采样即可。

# 04 如何去掉人物面部的油光？

在 Photoshop 中，如何快速去除人物面部的油光呢？

处理前　　　　　　　　　　处理后

**1** 打开照片，在【通道】面板中分别单击红、绿、蓝通道，观察图像的对比度，单击对比度最强的通道（案例为蓝通道）。

**2** 在【通道】面板中，右键单击【蓝】通道，选择【复制通道】命令。

**3** 在弹出的【复制通道】对话框中直接单击【确定】按钮。

**4** 在【通道】面板中选择【蓝 拷贝】，按组合键【Ctrl+L】调出色阶命令。

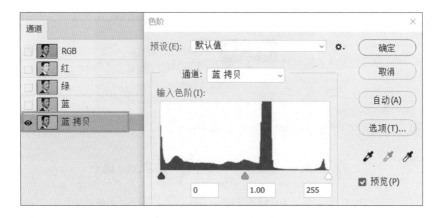

**5** 在弹出的【色阶】对话框中，选中黑色滑块，将其拖曳到灰色滑块的左侧（紧邻着灰色滑块）；选中白色滑块，将其拖曳到灰色滑块的右侧（紧邻着灰色滑块），单击【确定】按钮。

6 在工具栏中选择套索工具。

7 在选项栏中单击【添加到选区】按钮。

8 在照片中，用套索工具围绕面部的高亮区域拖曳，形成闭合选区（被"蚂蚁线"圈中的部分）。

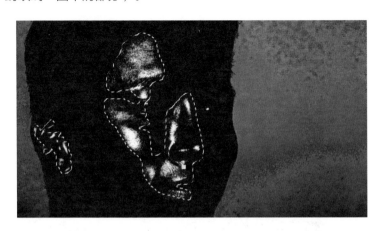

9 依次选择【选择】–【反选】命令。

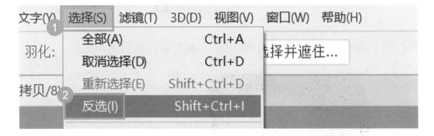

10 依次选择【编辑】–【填充】命令。

11 在弹出的【填充】对话框中，将【内容】设置为【黑色】，单击【确定】按钮。

12 在【通道】面板中，单击【将通道作为选区载入】按钮。

13 在【通道】面板中单击【RGB】，此时照片恢复正常色彩。

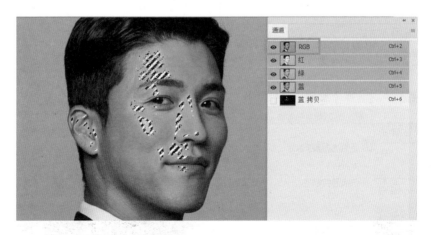

14 在【图层】面板中单击【创建新图层】按钮。

15 在工具栏中选择吸管工具。

16 在人物面部无油光的位置单击，吸取肤色。

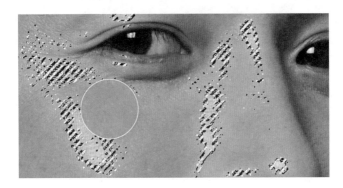

**17** 按组合键【Alt+Backspace】，为选区填充刚才吸取的颜色，按组合键【Ctrl+D】取消选区。

**18** 在【图层】面板中，将【不透明度】设置为【75%】即可。

# 05 如何去掉人物的双下巴?

在 Photoshop 中,如何能够快速去除人物的双下巴呢?

处理前　　　　　　　　　处理后

■1 打开照片,在工具栏中选择套索工具。

■2 用套索工具围绕人物双下巴中上面的部分拖曳,形成闭合选区(被"蚂蚁线"圈中的部分)。

**3** 依次选择【选择】-【修改】-【羽化】命令。

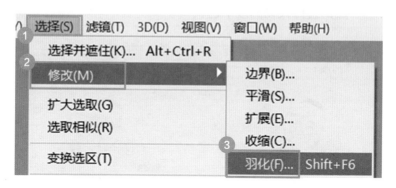

**4** 在弹出的【羽化选区】对话框中，将【羽化半径】设置为 5 像素，单击【确定】按钮。

**5** 按组合键【Ctrl+J】，将选中的区域复制一层。

**6** 在【图层】面板中选中【图层 1】，按组合键【Ctrl+T】，进入自由变换状态。

**7** 右键单击照片的任意部分，选择【变形】命令。

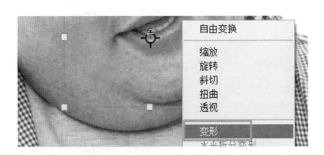

**8** 用鼠标拖动控制点进行变形，直至图层 1 的下巴与照片原图的下巴贴合，按【Enter】键即可。

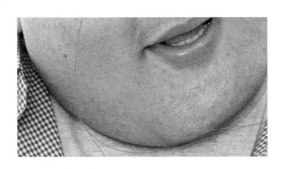

## 06 黑眼圈怎么快速去除?

人物有黑眼圈的时候,会显得整个人不精神。在 Photoshop 中如何去除黑眼圈呢?

处理前

处理后

1 打开照片,按组合键【Ctrl+J】将照片复制一层。

**2** 选中【图层 0】，单击【创建新图层】按钮，创建【图层 1】。

**3** 选中【图层 0 拷贝】，依次选择【滤镜】-【其他】-【高反差保留】。

**4** 在弹出的【高反差保留】对话框中，将【半径】设置为 3.5 像素，单击【确定】按钮。

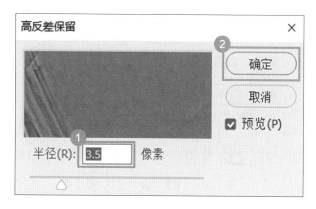

5 在【图层】面板中，将图层混合模式设置为【柔光】。

6 右键单击【图层 0 拷贝】，选择【创建剪贴蒙版】命令。

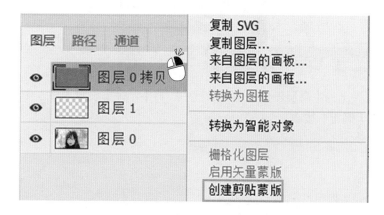

**7** 选中【图层 1】，在工具栏中选择画笔工具。

**8** 在选项栏中将【不透明度】和【流量】均设置为【50%】。

**9** 在照片中右键单击，将【硬度】设置为【0%】。

**10** 按【Alt】键，在照片中人物面部位置单击，吸取正常肤色。

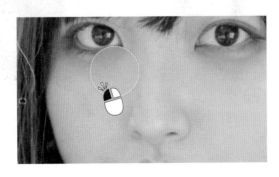

**11** 沿着人物黑眼圈区域涂抹，即可消除黑眼圈。

# 07 皮肤颜色不均匀，怎么办？

拍照之后发现人物面部肤色不均、大片肤色偏红，在 Photoshop 中应该如何处理呢？

处理前

处理后

1 打开照片，在【图层】面板中单击【创建新的填充或调整图层】按钮，在弹出的菜单中选择【色相 / 饱和度】命令。

2 在【属性】面板中，将【全图】改为【红色】。

3 在【属性】面板中，将【色相】设置为【+180】，将【饱和度】设置为【+100】。

4 在【属性】面板中，向左拖动下方的滑块，同步观察照片变化，当浅绿色区域覆盖人物皮肤的红色区域时释放鼠标。

5 在【属性】面板中，先将【饱和度】设置为【0】，再将【色相】设置为【+40】左右。

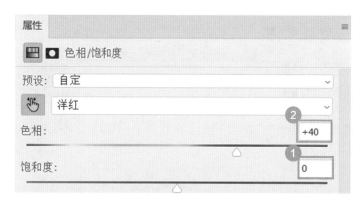

6 在【图层】面板中，选中【色相 / 饱和度 1】图层的白色方块，按组合键【Ctrl+I】，白色方块反相变为黑色方块。

7 在工具栏中选择画笔工具。

8 在选项栏中将【不透明度】和【流量】均设置为【100%】。

9 在照片上右键单击，将【硬度】设置为【0%】。

10 在工具栏中选择前景色色块，在弹出的【拾色器（前景色）】对话框中，将 R、G、B 均改为【255】，单击【确定】按钮。

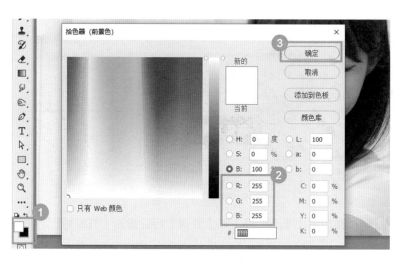

**11** 使用画笔工具涂抹人物面部的红色区域即可。

# 08 如何把皮肤变白嫩?

有时由于光线问题,拍出的照片会显得皮肤比较暗淡。如何用 Photoshop 把人物皮肤变白嫩呢?

处理前　　　　　　　　　　　　处理后

**1** 打开照片，按组合键【Ctrl+J】复制一层。

**2** 在【图层】面板中选中复制的图层，将图层混合模式设置为【滤色】，并将【不透明度】设置为【40%】。

**3** 选中复制的图层，单击【添加图层蒙版】按钮。

**4** 可以看到新建的蒙版（白色方块），按组合键【Ctrl+I】反相为黑色。

**5** 在工具栏中选择画笔工具。

画笔工具

**6** 在选项栏中将【不透明度】和【流量】均设置为【100%】。

**7** 在照片上右键单击，将【硬度】设置为【0%】。

**8** 在工具栏中选择前景色色块，在弹出的【拾色器（前景色）】对话框中将 R、G、B 均设置为【255】，单击【确定】按钮。

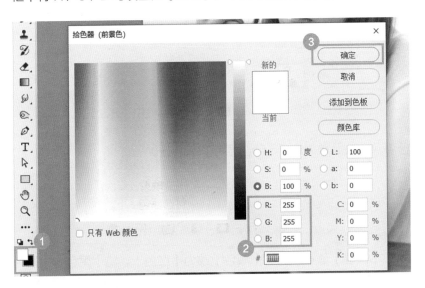

**9** 使用画笔工具涂抹人物全部皮肤即可。

# 09 如何把肤色调成古铜色？

在 Photoshop 中，如何将人物肤色调成古铜色？

处理前　　　　　　　　　　　　　处理后

**1** 打开照片，在【图层】面板中单击【创建新的填充或调整图层】按钮。

**2** 在弹出的菜单中选择【可选颜色】命令。

**3** 在【属性】面板中，将【颜色】改为【红色】，将【黑色】设置为【+100%】，选中【绝对】选项。

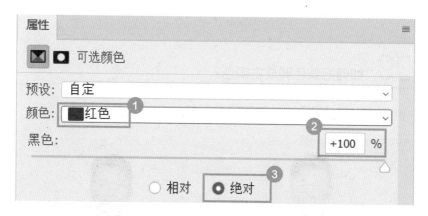

**4** 在【属性】面板中，将【颜色】改为【黄色】，将【黑色】设置为【+100%】。

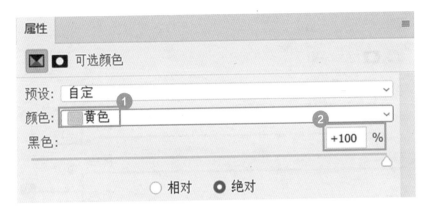

5 在【图层】面板中，单击【创建新的填充或调整图层】按钮。

6 在弹出的菜单中选择【色彩平衡】命令。

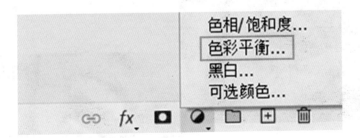

7 在【属性】面板中，将【色调】改为【高光】，将青色－红色设置为
【+19】，黄色－蓝色设置为【-24】即可。

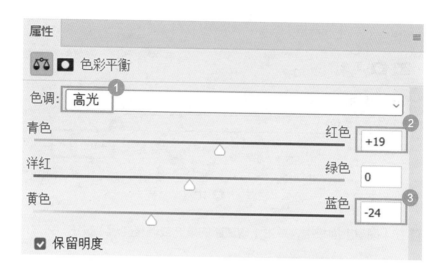

# 10  照片里的人物牙齿如何美白?

一口洁白的牙齿可以带给人美好的第一印象。如何在 Photoshop 中为牙齿美白呢?

处理前

处理后

**1** 打开照片，在【图层】面板中单击【创建新的填充或调整图层】按钮，在弹出的菜单中选择【色相 / 饱和度】命令。

**2** 在【属性】面板中单击【手指】按钮，移动鼠标指针至照片中的牙齿区域并单击。

**3** 在【属性】面板中，将【饱和度】设置为【-100】，将【明度】设置为【+100】。

**4** 在【图层】面板中，选中【色相 / 饱和度 1】图层中的白色方块，按组合键【Ctrl+I】，将其反相为黑色。

**5** 在工具栏中选择画笔工具。

**6** 在选项栏中将【不透明度】和【流量】均设置为【100%】。

**7** 在照片中右键单击，将【硬度】设置为【0%】。

⑧ 在工具栏中选择前景色色块，在弹出的【拾色器（前景色）】对话框中将 R、G、B 均设置为【255】，单击【确定】按钮。

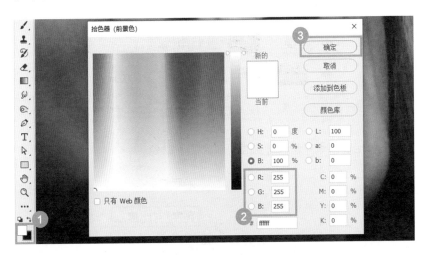

⑨ 用画笔工具在照片中牙齿区域进行涂抹。

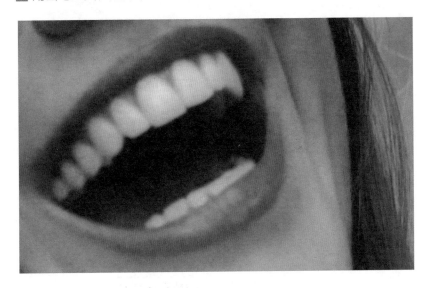

10 在【图层】面板中单击【创建新的填充或调整图层】按钮。

11 在弹出的菜单中选择【亮度/对比度】命令。

12 右键单击【亮度/对比度】图层，选择【创建剪贴蒙版】命令。

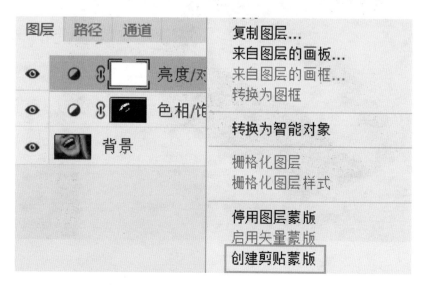

**13** 在【属性】面板中，将【亮度】设置为【30】即可。

| 属性 |
| --- |
| ☀ ⬤ 亮度/对比度 |

自动

亮度: 30

# 11　如何给人物涂上口红?

在 Photoshop 中，如何根据自己想要的效果给人物涂上口红呢?

处理前

处理后

**1** 打开照片，在【图层】面板中单击【创建新图层】按钮。

**2** 在工具栏中选择画笔工具。

**3** 在选项栏中，将【不透明度】和【流量】均设置为【100%】。

**4** 在照片中右键单击，将【硬度】设置为【0%】。

**5** 在工具栏中选择前景色色块，在弹出的【拾色器（前景色）】对话框中，将颜色设置为想要的口红颜色，单击【确定】按钮。

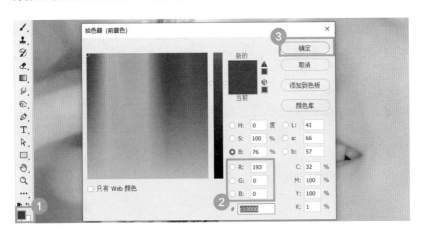

**6** 使用画笔工具在人物嘴唇均匀涂抹，直至选取的颜色全部覆盖人物嘴唇。

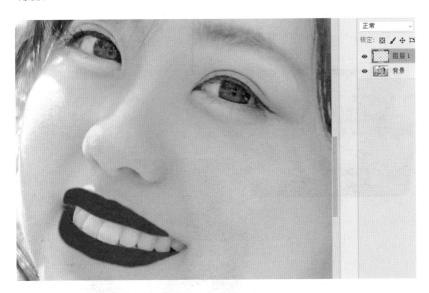

**7** 在【图层】面板中，将图层混合模式设置为【叠加】，将【不透明度】设置为【80%】即可。

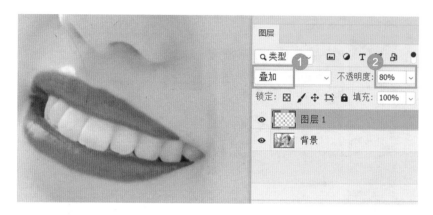

# 12 如何给人物画上睫毛?

在 Photoshop 中，如何给人物画上睫毛呢?

处理前

处理后

**1** 打开照片，在【图层】面板中单击【创建新图层】按钮。

**2** 在工具栏中选择画笔工具。

画笔工具

**3** 在选项栏中将【不透明度】设置为【50%】，将【流量】设置为【100%】。

**4** 按【D】键，将前景色设置为黑色。

前景色

**5** 依次选择【窗口】-【画笔设置】。

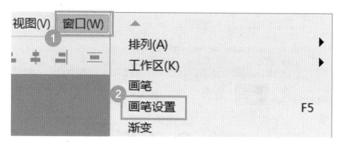

**6** 在弹出的【画笔设置】对话框中，选中【形状动态】选项，将【控制】设置为【渐隐】，参数改为【40】，选中【平滑】选项。

**7** 在照片中右键单击，将【大小】设置为【1像素】，【硬度】设置为【0%】。

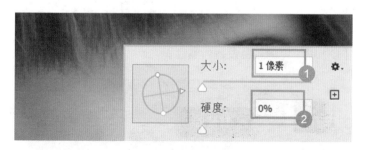

**8** 用画笔工具在人物眼部绘制即可获得睫毛效果，若感觉睫毛较长，返回【画笔设置】中将【渐隐】数值缩小即可。

# 13 如何给照片里的人物换脸？

在 Photoshop 中，如何给照片里的人物换脸？

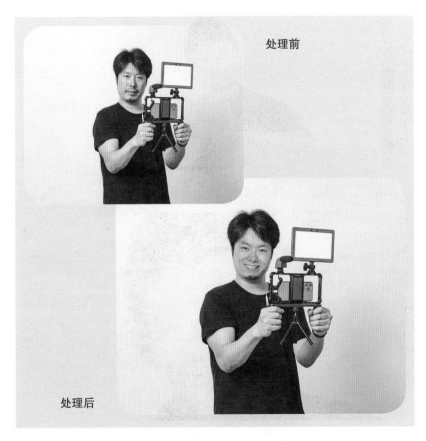

处理前

处理后

**1** 打开需要调整的 2 张照片。

**2** 选中名为【案例 13-2】的文件，在工具栏中选择套索工具。

**3** 用套索工具围绕人物面部区域拖曳，形成闭合选区。

**4** 按组合键【Ctrl+J】，将套索区域复制一层。

| 图层 | 路径 | 通道 |
|------|------|------|
| 👁 | 图层 1 | |
| 👁 | 背景 | 🔒 |

**5** 按组合键【Ctrl+C】，将图层 1 复制。单击名为【案例 13-1】的文件，按组合键【Ctrl+V】粘贴，将"假面"粘贴到照片中。

**6** 在工具栏中选择移动工具。

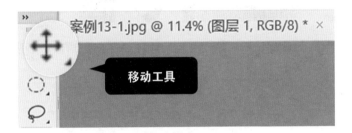

**7** 用移动工具拖曳"假面"到照片中人物的面部位置。

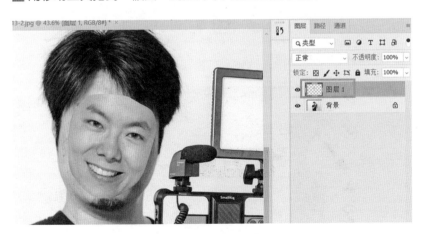

⑧ 按组合键【Ctrl+T】进入自由变换状态，参考照片人物面部的大小，旋转并放大"假面"，直至与照片位置贴合，按【Enter】键。

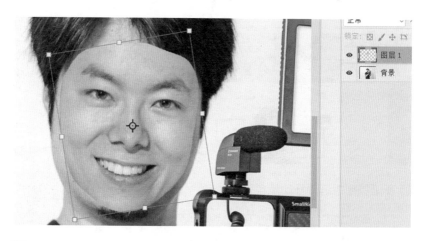

⑨ 在【图层】面板中选中【图层 1】，单击【添加图层蒙版】按钮。

⑩ 在工具栏中选择画笔工具。

**11** 在选项栏中将【不透明度】和【流量】均设置为【100%】。

**12** 在照片中单击右键，将【硬度】设置为【0%】。

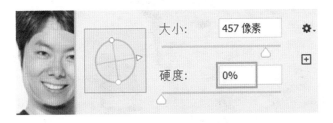

**13** 在工具栏中选择前景色色块，在弹出的【拾色器（前景色）】对话框中，将 R、G、B 均设置为【0】，单击【确定】按钮。

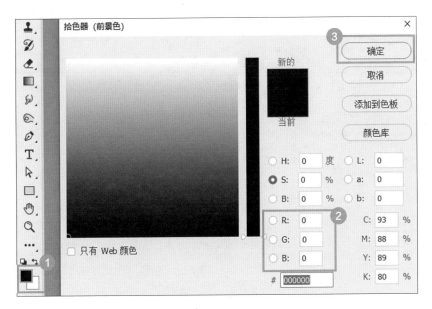

**14** 在【图层】面板中选中【图层 1】的白色色块，用画笔工具擦除人物面部边缘，直至【图层 1】与照片融合自然即可。

和秋叶一起学

秒懂 Photoshop

► 第 2 章 ◄
衣着与形体修饰

　　本章主要解决的问题是如何在拍照后对形体、衣着、背景等因素进行修饰，从而实现对照片整体效果的提升。

扫码回复关键词"秒懂后期修图"，观看配套视频课程

# 01 如何给照片里的人物衣服换颜色？

每个人都希望自己可以有更多的衣服，特别是很喜欢的衣服，同款的每种颜色都想试试。如何通过 Photoshop 给衣服换颜色呢？

处理前

处理后

**1** 打开照片，按组合键【Ctrl+J】复制图层。

2 依次选择【图像】-【调整】-【替换颜色】命令。

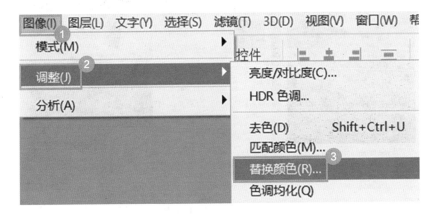

3 在弹出的【替换颜色】对话框中，单击【颜色】色块。

4 弹出【拾色器（选区颜色）】面板，在衣服上单击，吸取人物衣服的颜色，单击【确定】按钮。

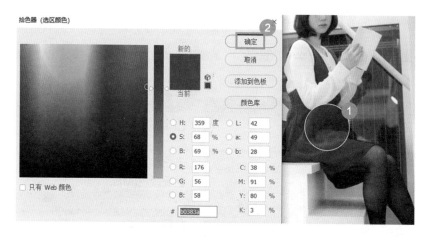

5 在【替换颜色】对话框中单击【结果】色块。

6 在弹出的对话框中，拖动滑块任意改变颜色，即可看到人物衣服颜色发生变化，单击【确定】按钮。

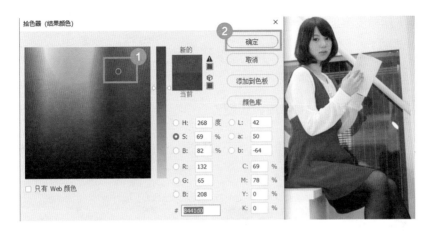

**7** 在【替换颜色】对话框中单击【确定】按钮。

**8** 在工具栏中选择橡皮擦工具。

**9** 在选项栏中将【不透明度】和【流量】均设置为【100%】。

**10** 用橡皮擦工具将照片中除衣服之外颜色受影响的区域（如面部）擦除即可。

## 02 如何将人物修成大长腿？

拥有修长的美腿是每个人都不会抗拒的事情。在 Photoshop 中如何将人物修成大长腿呢？

处理前

处理后

[1] 打开照片，在工具栏中选择套索工具。

[2] 使用套索工具将人物上半身选中。

[3] 依次选择【选择】-【存储选区】命令。

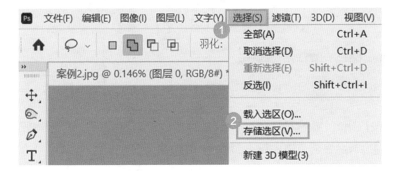

4 在弹出的【存储选区】对话框中将【名称】改为【大长腿】，单击【确定】按钮，按组合键【Ctrl+D】取消选区。

5 依次选择【编辑】-【内容识别缩放】命令。

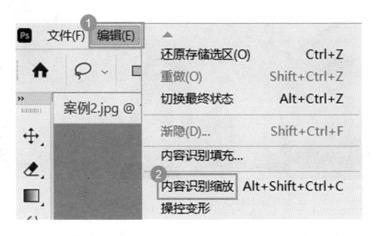

6 在选项栏中将【保护】设置为【大长腿】。

7 按【Shift】键的同时，将照片上方中间的控制点向上拖曳，观察照片，腿部拉长至合适位置后按【Enter】键即可。

## 03 如何把人物身材修得更瘦？

每个人都希望自己能有一个非常标准的身材，在 Photoshop 中如何快速把人物身材修得更瘦呢？

处理前　　　　　　　　　　　处理后

**1** 打开照片，依次选择【滤镜】-【液化】命令。

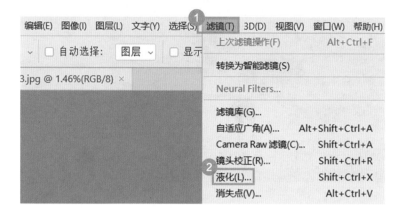

**2** 在【液化】对话框的工具栏中选择向前变形工具。

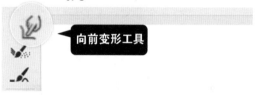

**3** 将向前变形工具移动至需要修饰的位置，按住鼠标左键，从人物的边缘向身体内部拖曳，可以见到人物身体变瘦。

4 调整完毕后，单击【确定】按钮即可。

# 04 使用液化工具时，怎样避免把背景画面修歪？

在使用液化工具时，经常会遇到不小心把背景画面修歪的情况，这种情况应该如何避免呢？

1 打开照片，依次选择【滤镜】–【液化】命令。

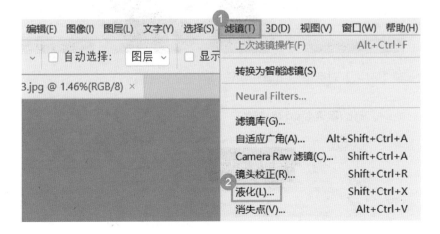

2 在弹出的【液化】对话框的工具栏中，选择冻结蒙版工具。

3 使用冻结蒙版工具沿着人物周围可能被液化操作影响的区域涂抹（红色区域）。

4 在【液化】对话框的工具栏中选择向前变形工具。

**5** 此时对人物头部进行调整时，被冻结的背景区域（红色区域）不会
受到液化操作影响。

# 05 人物衣服上的褶皱怎么去除?

在 Photoshop 中，如何去除人物衣服上的褶皱呢?

处理前　　　　　　　　　　处理后

**1** 打开照片，按组合键【Ctrl+J】2 次，将照片复制 2 层。

2 选择【图层 1】，依次选择【滤镜】-【模糊】-【高斯模糊】命令。

3 在弹出的【高斯模糊】对话框中，将【半径】设置为 10 像素，单击【确定】按钮。

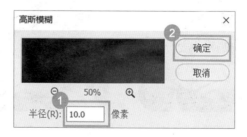

4 选择【图层 1 拷贝】，依次选择【图像】-【应用图像】命令。

5 在弹出的【应用图像】对话框中，将【图层】设置为【图层 1】，【混合】设置为【减去】，【不透明度】设置为【100%】，【缩放】设置为【2】，【补偿值】设置为【128】，单击【确定】按钮。

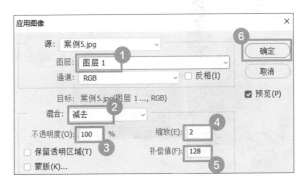

6 将【图层 1 拷贝】的图层混合模式设置为【线性光】。

7 在【图层】面板中单击【图层 1】。

8 在工具栏中右键单击画笔工具，选择混合器画笔工具。

9 在工具栏中单击前景色色块，弹出【拾色器（前景色）】对话框后，单击人物衣服，吸取颜色，单击【确定】按钮。

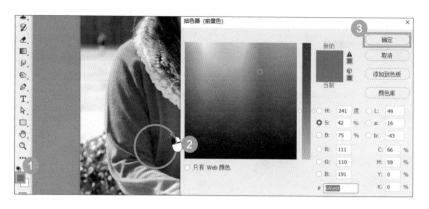

10 使用混合器画笔工具沿着人物衣服褶皱方向涂抹，即可消除褶皱。

## 06 照片背景太杂乱了，如何快速变"干净"？

拍照时总会遇到车多人多的情况，显得照片背景十分杂乱。如何让背景变得"干净"呢？

处理前　　　　　　　　　　处理后

**1** 打开照片，依次选择【选择】-【主体】命令，Photoshop 会自动识别并选中人物。

**2** 按组合键【Ctrl+J】将人物复制一层。

**3** 在【图层】面板中选择【图层 0】，依次选择【滤镜】-【模糊画廊】-【场景模糊】命令。

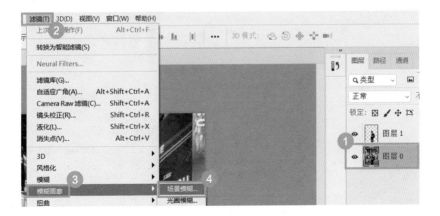

④ 在弹出的【模糊工具】对话框中，将【模糊】设置为【30 像素】，【光源散景】设置为【25%】，【散景颜色】设置为【50%】，单击【确定】按钮即可。

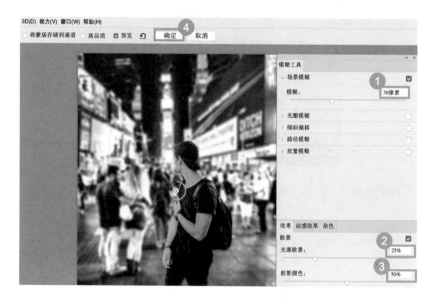

和秋叶一起学
秒懂 Photoshop

▶ 第 **3** 章 ◀
特殊风格人像照片制作

　　本章主要讲述的内容是如何通过后期处理，得到特殊风格的人像照片，让你的照片更有个性。

扫码回复关键词"秒懂后期修图"，观看配套视频课程

# 01 如何把人物照片变成手绘效果？

手绘风格的照片看起来更可爱，如果你不能自己动手画一幅，那就用 Photoshop 帮你实现吧！

处理前　　　　　　　　　　　处理后

**1** 打开需要调整的照片，按组合键【Ctrl+J】复制图层，按组合键【Ctrl+Shift+U】，为照片去色。

**2** 继续按组合键【Ctrl+J】复制图层，将【案例 1 拷贝 2】的图层混合模式设置为【颜色减淡】，按组合键【Ctrl+I】或选择【图像】–【调整】–【反相】命令，将图层反相处理。

**3** 依次选择【滤镜】–【其他】–【最小值】命令。

**4** 在弹出的【最小值】对话框中，将【半径】设置为 1 像素，单击【确定】按钮。

5 按组合键【Ctrl+Alt+Shift+E】，将所有图层盖印为【图层 1】。

6 选中【图层 1】，将图层混合模式设置为【正片叠底】。

7 选中【案例 1】图层，按组合键【Ctrl+J】复制图层。

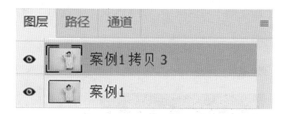

8 将【案例 1 拷贝 3】图层移至所有图层的最上方，并将其图层混合模式设置为【颜色】。

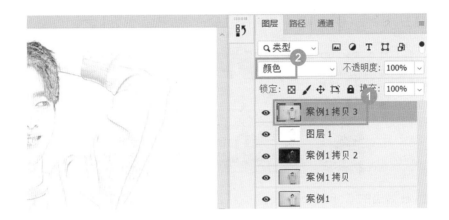

## 02 如何制作小清新风格的人像照？

很多女生都喜欢小清新风格的照片，当你拍不出这种风格时，可以借助 Photoshop 来实现。

处理前

处理后

**1** 打开照片，依次选择【滤镜】-【Camera Raw 滤镜】命令。

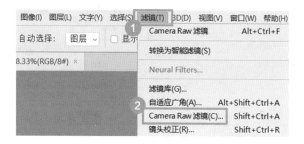

**2** 在弹出的 Camera Raw 滤镜对话框中找到【基本】，将【色温】设置为【-25】，【高光】设置为【-30】，【白色】设置为【-30】，单击【确定】按钮。

**3** 在【图层】面板中，单击【创建新的填充或调整图层】按钮。

**4** 在弹出的菜单中选择【色彩平衡】命令。

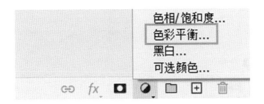

**5** 在【属性】面板中,将【色调】设置为【中间调】,青色 – 红色设置为【-45】,黄色 – 蓝色设置为【+20】。

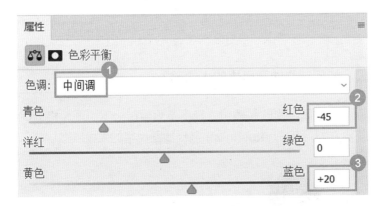

**6** 将【色调】设置为【高光】,青色 – 红色设置为【-10】,黄色 – 蓝色设置为【+10】。

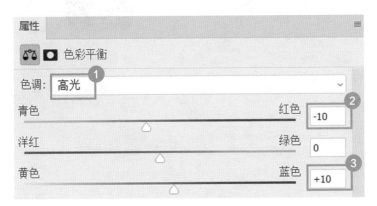

**7** 将【色调】设置为【阴影】，青色 – 红色设置为【-20】，黄色 –
蓝色设置为【+10】。

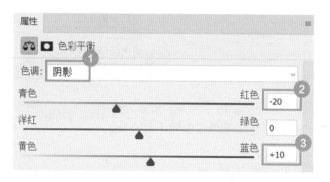

# 03 如何制作油画风格的人像照?

看倦了千篇一律的美颜照，是不是想尝试一下油画风格的呢? 下
面就来看看如何在 Photoshop 中制作油画风格的人像照吧!

处理前

处理后

**1** 打开照片，按组合键【Ctrl+J】复制图层。

**2** 依次选择【滤镜】-【滤镜库】命令。

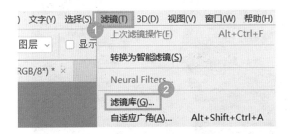

**3** 在弹出的【滤镜库】对话框中单击【艺术效果】选项组，选择【海报边缘】选项，将【边缘厚度】设置为【2】，【边缘强度】设置为【0】，【海报化】设置为【2】，单击【确定】按钮即可。

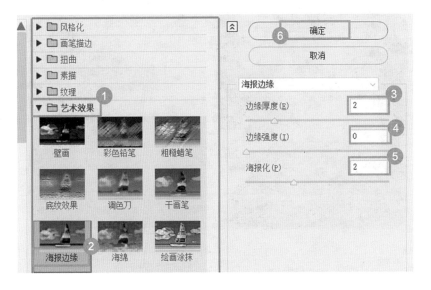

# 04 如何制作有高级感的人像照？

照片调整一下颜色，就可以成为一张具有高级感的人像照，让整个人显得非常有气质。在 Photoshop 中应该如何制作呢？

处理前

处理后

**1** 打开照片，依次选择【滤镜】-【Camera Raw 滤镜】命令。

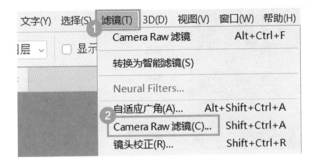

**2** 在弹出的 Camera Raw 滤镜对话框右侧，单击【基本】选项组。

**3** 在展开的选项中，参考下图数据设置各项参数，让照片的明暗程度适中，色彩更加明艳。

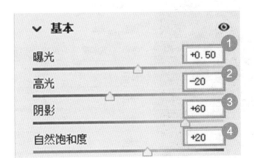

4 单击【混色器】选项组。

5 在展开的选项中单击【色相】,将【绿色】设置为【+70】。

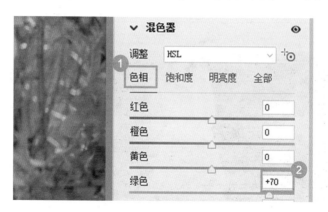

6 单击【饱和度】,将【绿色】设置为【-40】。

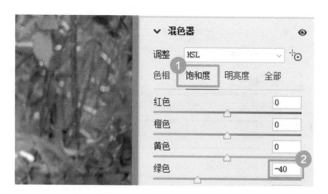

**7** 单击【明亮度】，将【橙色】设置为【+10】。

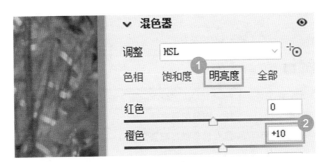

**8** 在 Camera Raw 滤镜对话框右侧单击【校准】选项组，在展开的选项中，将【绿原色】的【色相】设置为【+50】，将【蓝原色】的【饱和度】设置为【+30】，单击【确定】按钮。

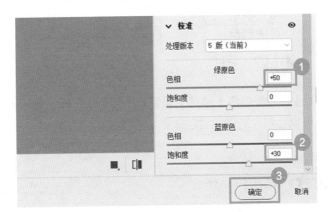

**9** 在【图层】面板中单击【创建新的填充或调整图层】按钮，在弹出的菜单中选择【颜色查找】命令。

**10** 在【属性】面板中，在【3DLUT 文件】中选择一款色彩比较清新的滤镜。

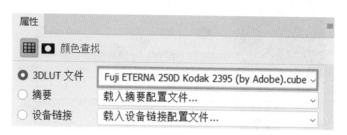

**11** 在【图层】面板中，单击【创建新的填充或调整图层】按钮，在弹出的菜单中选择【可选颜色】命令。

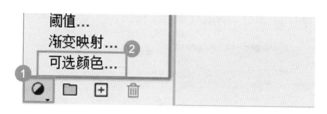

**12** 在【属性】面板中将【颜色】设置为【绿色】，按下图所示设置各项参数，可以让照片的绿色看起来更加通透。

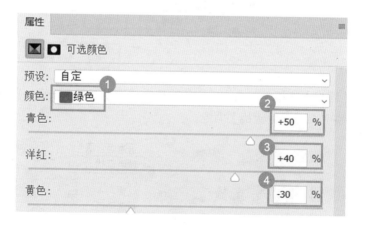

# 05 如何制作抖音故障风格人像照？

抖音故障风格的人像照如今非常流行，制作方法也很简单。在 Photoshop 中如何做出这种效果呢？

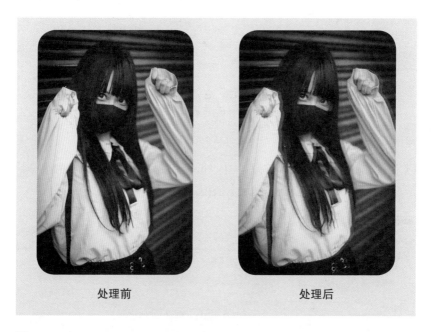

处理前　　　　　　　　　　　处理后

**1** 打开照片，按组合键【Ctrl+J】复制图层。

**2** 右键单击【图层 1】，选择【混合选项】命令。

**3** 在弹出的【图层样式】对话框中，取消勾选【混合选项】中的【G】选项和【B】选项，单击【确定】按钮。

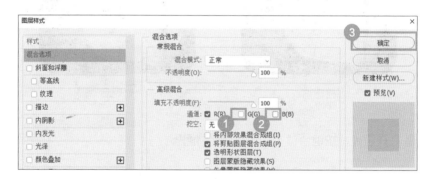

**4** 在工具栏中选择移动工具。

**5** 按【Shift】键的同时，用移动工具将【图层 1】中的图像稍微向右移动即可。

**提示**

上面的操作完成后，你也可以尝试再次打开【图层样式】对话框，只选中 B 通道，得到的效果也不错哦！

# 06 如何制作复古怀旧风格的人像照？

复古怀旧风格的人像照常常给人一种时光静谧而美好的感觉。在 Photoshop 中如何制作呢？

处理前　　　　　　　　　　　处理后

**1** 打开照片，在【图层】面板中单击【创建新的填充或调整图层】按钮，在弹出的菜单中选择【色彩平衡】命令。

**2** 在【属性】面板中，将【色调】设置为【高光】，洋红 – 绿色设置为【+35】，黄色 – 蓝色设置为【-20】。

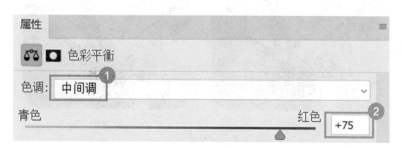

**3** 将【色调】设置为【中间调】，青色 – 红色设置为【+75】。

4 将【色调】设置为【阴影】，洋红－绿色设置为【+15】即可。

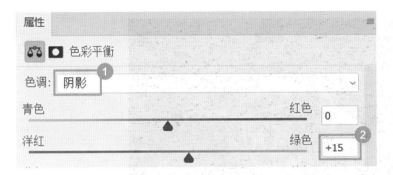

## 07 如何制作双色调的杂志封面照?

　　双色调的配色风格在设计中很常见，所选用的两种颜色既可以是对比较明显的色彩，也可以是同色系中的两种。在 Photoshop 中，如何制作双色调的杂志封面照呢?

**1** 打开照片,按组合键【Ctrl+Shift+U】去色。

**2** 在【图层】面板中单击【创建新图层】按钮。

**3** 在工具栏中选择画笔工具。

**4** 在选项栏中将【不透明度】和【流量】均设置为【100%】。

**5** 在照片中右键单击，将【硬度】设置为【0%】，【大小】设置为【5000 像素】（不同的图，画笔大小是不一样的）。

**6** 在工具栏中单击前景色色块，设置前景色的 R、G、B 值如下图所示，单击【确定】按钮。

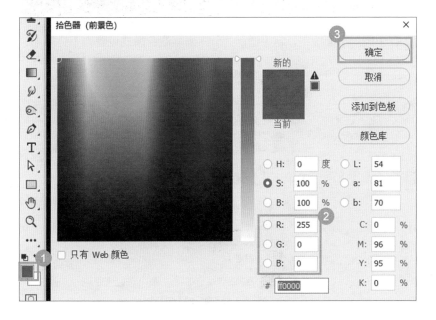

7 使用画笔工具，将照片左侧涂抹为红色。

8 在【图层】面板中，将【图层1】的图层混合模式设置为【叠加】。

9 在【图层】面板中单击【创建新图层】按钮。

**10** 在工具栏中单击前景色色块，设置前景色的 R、G、B 值如下图所示，单击【确定】按钮。

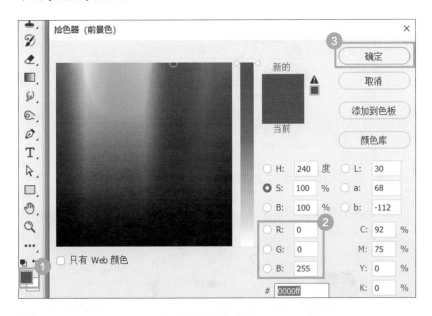

**11** 使用画笔工具，将照片左侧涂抹为蓝色。

**12** 在【图层】面板中，将【图层 2】的图层混合模式设置为【叠加】即可。

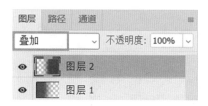

# 08 如何给黑白照片上色？

有时候为了还原照片的真实性，需要为黑白照片上色。具体应该怎么做呢？

处理前

处理后

**1** 打开照片，在【图层】面板中单击【创建图层】按钮。

**2** 选中新建的【图层 1】，将图层混合模式设置为【颜色】。

**3** 在工具栏中选择画笔工具。

**4** 在选项栏中将【不透明度】设置为【50%】，【流量】设置为【100%】。

**5** 在工具栏中单击前景色色块，将前景色设置为皮肤色，单击【确定】
按钮。

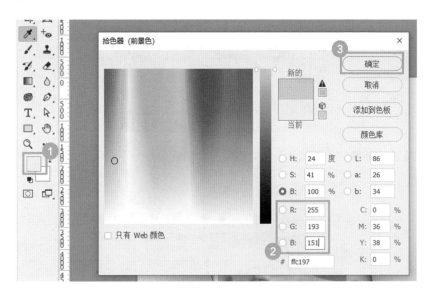

**6** 沿着人物皮肤部分均匀涂抹，直至颜色全部覆盖人物皮肤。

**7** 在【图层】面板中单击【创建图层】按钮。

**8** 选中新建的【图层 2】，将图层混合模式设置为【颜色】。

**9** 将前景色设置为口红色（案例色值：R184，G43，B90），单击【确定】按钮。

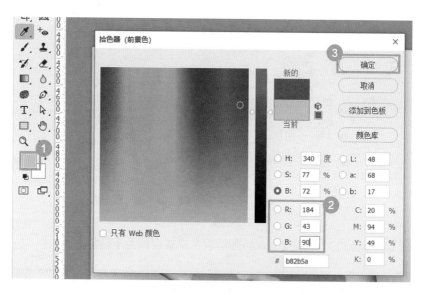

**10** 沿着人物嘴唇部分涂抹，直至颜色全部覆盖嘴唇。

**11** 人物衣服、裙子、夹子的上色方法与之前相同，唯一区别仅是前景色的色值不同。衣服：R238，G204，B93。裙子：R194，G207，

B230。夹子：R231，G112，B51。最终效果如下图所示。

# 09 怎么把照片调成冷色或者暖色？

有时为了突出照片传递出的感觉，需要将照片调成表达温暖的暖色调或者是比较有质感的冷色调。在 Photoshop 中怎么实现呢？

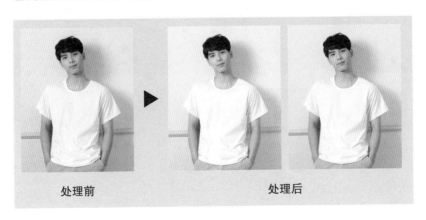

处理前　　　　　　　　　　　处理后

**1** 打开照片，依次选择【滤镜】-【Camera Raw 滤镜】命令。

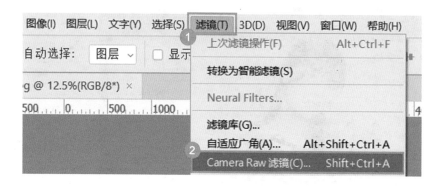

**2** 在弹出的 Camera Raw 滤镜对话框中，向左拖动【色温】滑块，照片即可调整为冷色调。（案例参考值为 -20）

**3** 向右拖动【色温】滑块，照片即可调整为暖色调。（案例参考值为 20）

和秋叶一起学
秒懂 Photoshop

下篇
风景照片修饰

▶ 第 4 章 ◀
照片校正与美化

　　一张好的风景照片不仅会让我们获得更多的赞赏，还能帮我们记录下生活中的美好时光。所以我们不仅要拍得好，更要后期修饰得好。

　　大家在日常拍照过程中常常由于天气、设备等原因导致照片效果差，本章主要讲解如何"挽救"这些"废片"。

**扫码回复关键词"秒懂后期修图"，观看配套视频课程**

# 01 照片太暗了看不清，如何提亮？

旅行时，经常会遇到阴雨天气，这种情况下拍出来的照片往往会非常暗。如何在 Photoshop 中快速提亮照片呢？

处理前

处理后

**1** 打开照片，依次选择【图像】-【调整】-【色阶】命令。

**2** 在弹出的【色阶】对话框中，将黑色滑块向右拖曳至直方图中的 a 点位置，将白色滑块向左拖曳至 b 点位置，单击【确定】按钮。

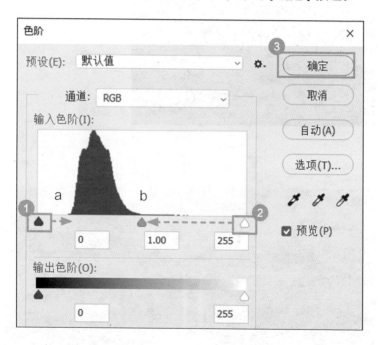

## 02 如何把灰蒙蒙的照片调得色彩亮丽？

生活中你有没有这样的困惑，同样是在一个地方拍照，为什么你拍的照片就不如别人的色彩亮丽呢？现在就来教给你解决办法。

处理前

处理后

1 打开照片，依次选择【图像】-【调整】-【亮度/对比度】命令。

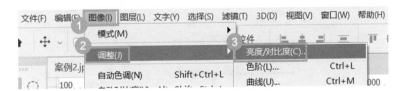

2 在弹出的【亮度/对比度】对话框中，向右拖动对比度滑块，同时观察照片，不再有灰蒙蒙的感觉时即可停止拖动，单击【确定】按钮。

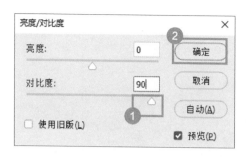

3 依次选择【图像】-【调整】-【色相／饱和度】命令。

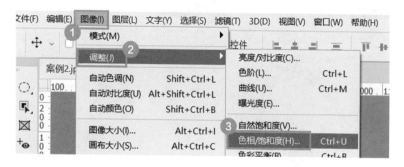

4 在弹出的【色相／饱和度】对话框中，向右拖动饱和度滑块，同时观察照片，当颜色鲜艳且自然时即可停止拖动，单击【确定】按钮。

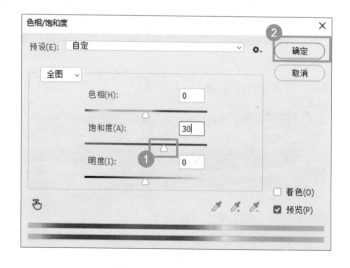

# 03 照片整体都偏蓝了，怎么还原真实的颜色？

有时因为设备或者拍照环境的影响，拍出来的照片颜色可能会偏蓝。下面就教大家如何快速还原照片真实的颜色。

处理前

处理后

打开照片，依次选择【图像】-【调整】-【色阶】命令。

在弹出的【色阶】对话框中，单击【选项】按钮。

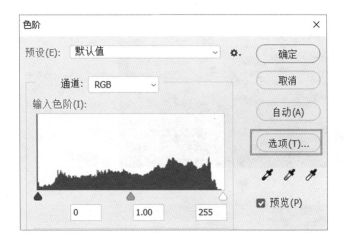

在弹出的对话框中，可以看到当前算法显示是以【增强亮度和对比度】进行计算的，需要改为【查找深色与浅色】，然后单击【确定】按钮。

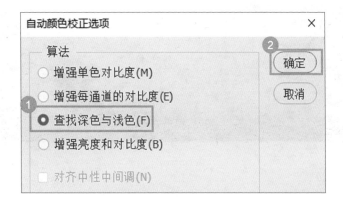

# 04 照片噪点多、有杂色，如何去除？

在夜间拍摄的时候，拍出来的照片经常会有很多的杂色。这些杂色应该如何去除呢？

处理前

▼

处理后

1 打开照片，依次选择【滤镜】-【杂色】-【减少杂色】命令。

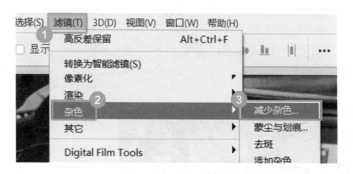

2 在弹出的【减少杂色】对话框中，依次将【强度】【保留细节】【减少杂色】【锐化细节】4 个选项的参数设置为 10、0%、100%、0%。单击【确定】按钮。

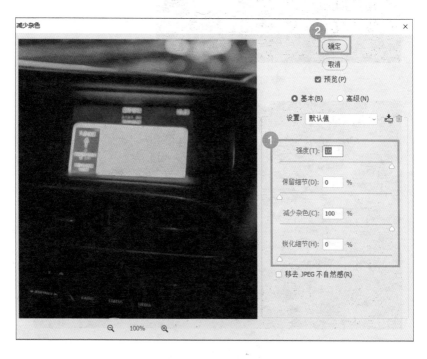

3 在【图层】面板中选中照片图层，按组合键【Ctrl+J】，复制图层。

4 选中复制的图层，依次选择【滤镜】-【其他】-【高反差保留】命令。

5 在弹出的【高反差保留】对话框中，将【半径】设置为 2 ～ 3 像素，单击【确定】按钮。

6 在【图层】面板中将图层混合模式设置为【叠加】即可。

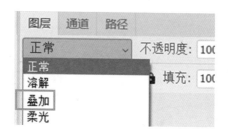

# 05 拍照时不小心曝光过度了，如何修复？

遇到阳光强烈的天气时，拍照很容易发生曝光过度的情况，照片看起来非常亮，丢失了很多细节。遇到这种情况应该如何修复呢？

处理前

处理后

**1** 打开照片，按组合键【Ctrl+Alt+Shift+2】，Photoshop 自动将照片中的亮部区域选中。

**2** 在【图层】面板中单击【创建新的填充或调整图层】按钮。

**3** 在弹出的菜单中选择【色阶】命令。

**4** 选中色阶图层中的蒙版，在【属性】面板中，将左侧的黑色滑块向右拖动，同时观察画面，达到满意效果后释放鼠标。

**5** 在【图层】面板中，单击【创建新的填充或调整图层】按钮，在弹出的菜单中选择【亮度 / 对比度】命令。

6 在【属性】面板中适当降低图片亮度，案例中参考数值为 −15。

颜色　色板　渐变　图案　**属性**　≡

☀ ◑ 亮度/对比度

自动

亮度：　　　　　　　　　　−15

对比度：　　　　　　　　　0

## 06 逆光拍摄把人拍暗了，还能恢复吗?

逆光拍摄时，由于光线影响经常会把人物拍得特别暗，看不清面部表情。这种情况应该如何恢复呢？

处理前

处理后

1 打开照片，依次选择【选择】-【色彩范围】命令。

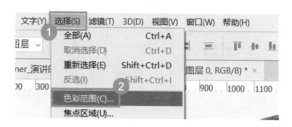

2 在弹出的【色彩范围】对话框中，将【选择】设置为【阴影】，单击【确定】按钮。

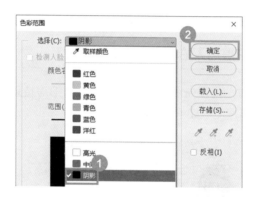

3 依次选择【选择】-【修改】-【扩展】命令。

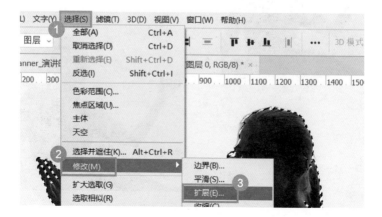

**4** 在弹出的【扩展选区】对话框中，将【扩展量】设置为 5 像素（参考值），单击【确定】按钮。

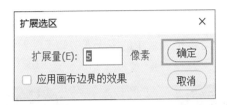

**5** 在【图层】面板中，单击【创建新的填充或调整图层】按钮。

**6** 在弹出的菜单中选择【亮度 / 对比度】命令。

**7** 在【属性】面板中向右拖曳亮度滑块，同时观察图片，调整至亮度适宜时释放鼠标即可。案例中参考数值为 100。

# 07 如何把照片中的阴天变成晴天?

有时会发现照片中的天空看起来很一般,阴天时拍的照片这种感觉尤其明显。如何才能把照片中的阴天变成晴天呢?

处理前

处理后

**1** 打开照片，在工具栏中选择快速选择工具。

**2** 在选项栏中单击【添加到选区】按钮。

**3** 在照片的天空区域涂抹，直至所有的天空都被选中。

**4** 在【图层】面板中单击【创建新的填充或调整图层】按钮。

**5** 在弹出的菜单中选择【亮度 / 对比度】命令。

**6** 在【属性】面板中，将【亮度】设置为【20】，【对比度】设置为【20】。

**7** 在工具栏中选择快速选择工具，继续涂抹天空区域，直至全部选中。

8 在【图层】面板中单击【创建新的填充或调整图层】按钮。

9 在弹出的菜单中选择【色相 / 饱和度】命令。

10 在【属性】面板中将【饱和度】设置为【+40】即可。

# 08 如何把水面调成蔚蓝色？

在海边拍的照片，其中的海水常常会看起来并不清澈。如何能调出蔚蓝色的水面效果呢？

处理前

处理后

1 打开照片，在【图层】面板中单击【创建图层】按钮。

2 将新创建图层的图层混合模式设置为【柔光】。

3 在工具栏中单击前景色色块，在弹出的【拾色器（前景色）】对话框中将颜色改为深蓝色（建议色值：R2，G107，B205），单击【确定】按钮。

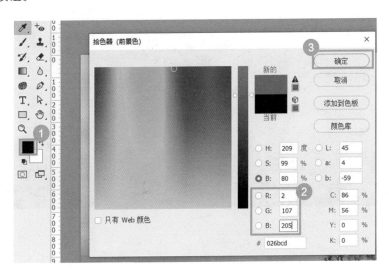

4 在工具栏中选择画笔工具，在画布中右键单击，将【硬度】设置为【0%】。

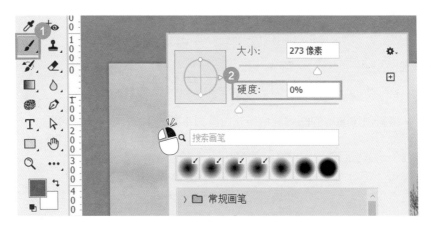

5 使用画笔在海面上涂抹，海水变蓝至满意效果即可。

# 09 如何让照片看起来更加通透?

　　有时候拍摄的照片看起灰蒙蒙的, 不够通透, 显得没有质感。要让照片看起来更加通透, 那么就要提亮照片中亮的部分, 压暗照片中暗的部分, 使照片整体的层次更清晰。快来看看在 Photoshop 中如何实现吧!

处理前

处理后

1️⃣ 打开照片，按组合键【Ctrl+Alt+2】，Photoshop 自动选中照片的高光部分。

2️⃣ 按组合键【Ctrl+J】，将选中区域复制一层。

3️⃣ 选中新复制的图层，将图层混合模式设置为【变亮】，使照片亮的部分更亮。

4 在【图层】面板中选中照片图层，按组合键【Ctrl+Alt+2】，再按组合键【Ctrl+Shift+I】，选中照片的阴影部分。

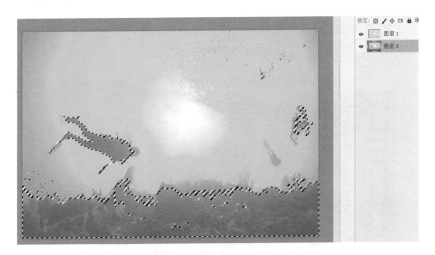

5 按组合键【Ctrl+J】，将选中区域复制一层。

6 选中新复制的图层，将图层混合模式设置为【颜色加深】即可。

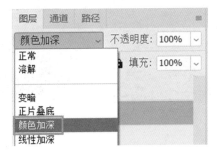

# 10  如何把两张照片调成一样的色调？

如果发现照片看起来颜色比较一般，可以找一张颜色满意的照片作为参考，将自己的照片调成与参考图一样的色调。

处理前

处理后

1 打开照片，接着拖入一张参考图，并将参考图放置在照片图层的下方。

2 在【图层】面板中选中照片图层，依次选择【图像】–【调整】–【匹配颜色】命令。

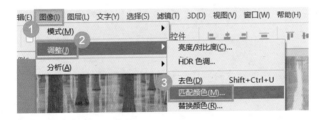

3 在弹出的【匹配颜色】对话框中，将【源】设置为【案例 6.psd】，将【图层】设置为【参考图】，单击【确定】按钮即可。

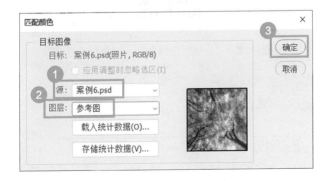

和秋叶一起学

秒懂 Photoshop

▶▶ 第 5 章 ◀◀

特殊风格制作

　　本章主要教大家制作一些特殊风格的照片，从而惊艳朋友圈。

扫码回复关键词"秒懂后期修图"，观看配套视频课程

# 01 如何调出日系夏日风格照?

日系夏日风格照一直是文艺青年的最爱。如何快速调出一张日系夏日风格的照片呢?

处理前

处理后

1 打开照片,依次选择【图像】-【调整】-【曝光度】命令。

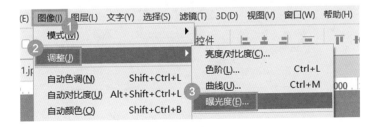

**2** 在弹出的【曝光度】对话框中，将【灰度系数校正】设置为【2】，单击【确定】按钮。

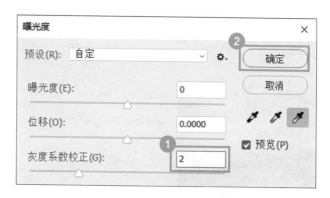

**3** 依次选择【图像】-【调整】-【自然饱和度】命令。

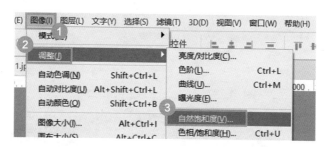

**4** 在弹出的【自然饱和度】对话框中，将【自然饱和度】设置为【+70】，【饱和度】设置为【-30】，单击【确定】按钮。

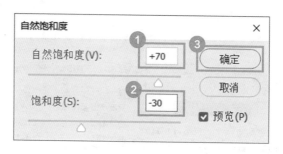

**5** 依次选择【图像】-【调整】-【色相 / 饱和度】命令。

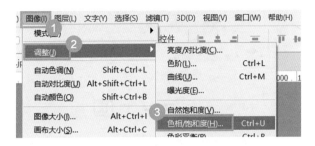

**6** 在弹出的【色相 / 饱和度】对话框中，将【全图】改为【黄色】，将【明度】设置为【20】。

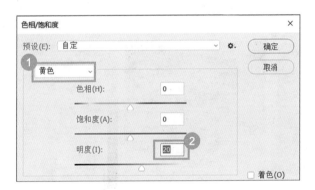

**7** 继续在【色相 / 饱和度】对话框中，将【黄色】改为【绿色】，将【明度】设置为【+30】，单击【确定】按钮。

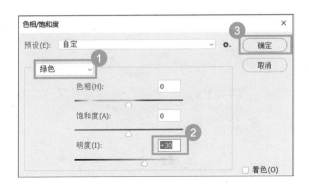

⑧ 在【图层】面板中单击【创建新图层】按钮。

⑨ 在工具栏中单击前景色色块，设置前景色（R178，G208，B232），单击【确定】按钮。

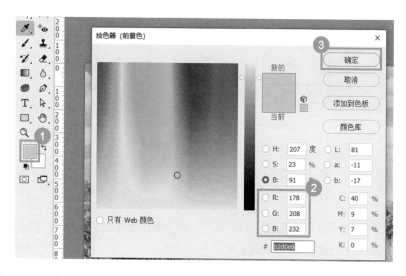

⑩ 选中【图层1】，按组合键【Alt+Backspace】，填充颜色。

**11** 将【图层 1】的图层混合模式设置为【柔光】，【不透明度】设置为【45%】即可。

## 02 如何调出电影胶片色调的照片？

电影胶片色调是当下大众非常青睐的色调，给人一种非常强的故事性。如何调出电影胶片色调呢？

处理前　　　　　　　　　　处理后

**1** 打开照片，依次选择【滤镜】-【Camera Raw 滤镜】命令。

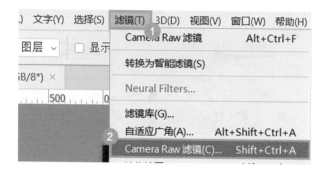

**2** 在弹出的 Camera Raw 滤镜对话框中，将【曝光】设置为【+0.50】，【高光】设置为【−20】，【阴影】设置为【+60】，【自然饱和度】设置为【15】。

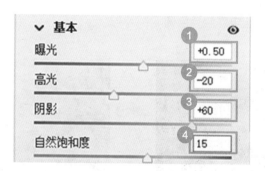

**3** 在对话框的右侧选择【混色器】选项组。

4 选择【色相】选项,将【绿色】设置为【70】。

5 选择【饱和度】选项,将【绿色】设置为【-40】即可。

# 03 如何把夜景照片调成赛博朋克风格?

赛博朋克风格是近些年的流行风格,具有很强的科技感。如何在 Photoshop 中把照片调成这种风格呢?

处理前

处理后

1 打开照片，在【图层】面板中单击【创建新的填充或调整图层】按钮。

2 在弹出的菜单中选择【色彩平衡】命令。

3 在【属性】面板中，将【色调】设置为【中间调】，青色－红色设置为【-40】，洋红－绿色设置为【-40】，黄色－蓝色设置为【40】。

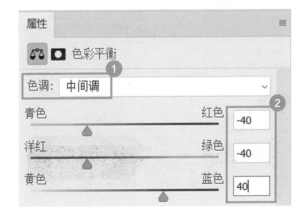

4 将【色调】设置为【高光】，青色 – 红色设置为【-40】，洋红 – 绿色设置为【-40】，黄色 – 蓝色设置为【40】。

5 在【图层】面板中单击【创建新的填充或调整图层】按钮。

6 在弹出的菜单中选择【色相 / 饱和度】命令。

**7** 在【属性】面板中，将【全图】改为【红色】，【色相】设置为【-40】。

**8** 将【红色】改为【青色】，【色相】设置为【-40】。

**9** 将【青色】改为【蓝色】，【色相】设置为【-20】。

# 04 如何给照片添加光晕？

照片若想要给人一种怀旧的感觉，一定离不开光晕的衬托。在 Photoshop 中如何给照片添加怀旧光晕呢？

处理前

处理后

1 打开照片，在【图层】面板中单击【创建新图层】按钮。

2 依次选择【编辑】-【填充】命令。

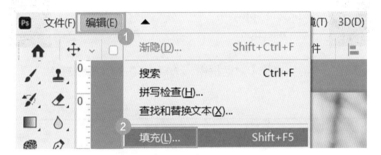

3 在弹出的【填充】对话框中，将【内容】设置为【黑色】，单击【确定】按钮。

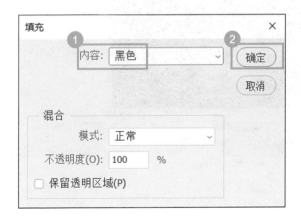

4 依次选择【滤镜】-【渲染】-【镜头光晕】命令。

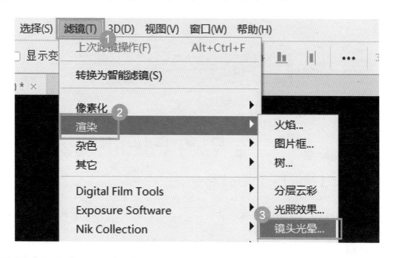

5 在弹出的【镜头光晕】对话框中，选择【50-300 毫米变焦】选项，单击【确定】按钮。

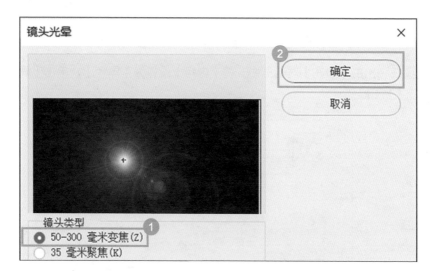

6 在【图层】面板中选中图层2，将混合模式设置为【滤色】。

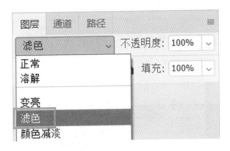

7 在工具栏中选择移动工具。

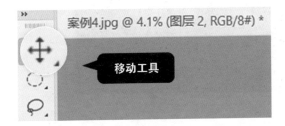

8 移动图层2中的光晕，同时观察画面，调整光效位置至满意效果即可。

# 05 如何给天空添加晚霞？

傍晚拍的照片看着平淡无奇，其实多数是因为画面中的天空太过平淡，如何给天空添加绚烂的晚霞呢？

处理前

处理后

**1** 打开照片，在工具栏中选择快速选择工具。

**2** 在选项栏中单击【添加到选区】按钮。

**3** 在照片的天空位置涂抹，直至天空区域全部被选中。

4 按【Delete】键，将选中的区域删除，按组合键【Ctrl+D】取消选区。

5 将提前找好的晚霞素材拖入 Photoshop 中。

⑥ 在【图层】面板中，选中晚霞素材图层，将其拖曳至照片图层下方即可。

# 06 如何把白天的风景照变成夜景照？

在 Photoshop 中，如何能够快速把白天的风景照变成夜景照呢？

处理前

处理后

**1** 打开照片，在【图层】面板中单击【创建新的填充或调整图层】。

**2** 在弹出的菜单中选择【颜色查找】命令。

**3** 在【属性】面板中，将【3DLUT 文件】设置为【Moonlight.3DL】。

4 在【图层】面板中单击【创建新的填充或调整图层】。

5 在弹出的菜单中选择【可选颜色】。

6 在【属性】面板中，将【颜色】设置为【黑色】，将【黑色】设置为
【10%】。

7 在【属性】面板中，将【颜色】设置为【中性色】，将【青色】设置为【10%】即可。

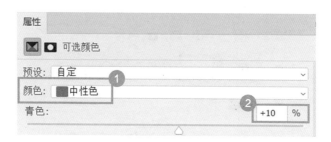

# 07 如何把风景照变成雪景效果？

在 Photoshop 中，如何能够快速把一张风景照变成雪景效果呢？

处理前

处理后

■ 打开照片，按组合键【Ctrl+J】复制图层。

■ 依次选择【图像】-【调整】-【替换颜色】命令。

■ 在弹出的【替换颜色】对话框中，将【饱和度】设置为【-100】，将【明度】设置为【+100】。

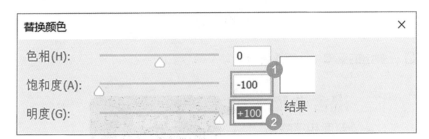

■ 在【替换颜色】对话框中单击【添加到取样】按钮，在照片中希望变白的区域单击一下（案例选择的是黄色草地区域），单击【确定】按钮。

**5** 在【图层】面板中选中【图层 1】，单击【添加图层样式】按钮。

**6** 在弹出的菜单中选择【混合选项】命令。

**7** 在弹出的【图层样式】对话框中，找到【下一图层】中的黑色滑块，这个滑块可以分成两个滑块。

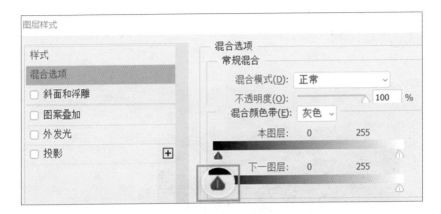

**8** 按【Alt】键的同时，选中黑色滑块的右半部分，将其向右拖动，同步观察画面变化，直至得到理想的效果后释放鼠标，单击【确定】按钮。

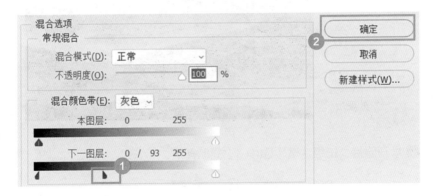

# 08 如何把风景照变成水墨画效果?

在 Photoshop 中，如何能快速把一张风景照做出水墨画的效果?

处理前

处理后

1 打开照片，按组合键【Ctrl+J】复制图层。

**2** 依次选择【滤镜】-【滤镜库】命令。

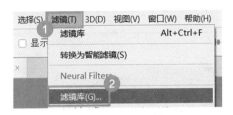

**3** 在弹出的【滤镜库】中，找到【艺术效果】-【干画笔】，【画笔大小】设置为【4】，【画笔细节】设置为【10】，【纹理】设置为【2】，单击【确定】按钮。

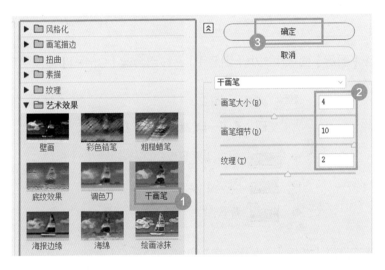

**4** 依次选择【滤镜】-【模糊】-【特殊模糊】命令。

**5** 在弹出的【特殊模糊】对话框中,将【半径】设置为【50.0】,【阈值】设置为【40.0】,单击【确定】按钮。

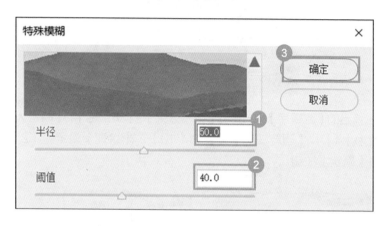

**6** 在【图层】面板中选中【图层 1】,按组合键【Ctrl+J】复制图层。

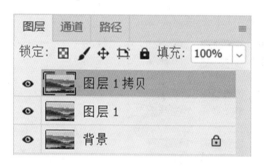

**7** 依次选择【滤镜】-【滤镜库】命令。

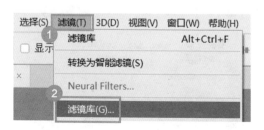

8 在弹出的【滤镜库】中，找到【画笔描边】-【喷溅】，【喷色半径】设置为【21】，【平滑度】设置为【9】，单击【确定】按钮。

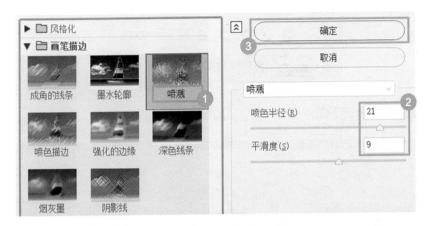

9 选中【图层 1 拷贝】，将图层混合模式设置为【强光】，将【不透明度】设置为【50%】。

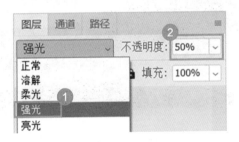

10 选中【图层 0】，按【Shift】键的同时单击【图层 1 拷贝】，选中所有图层。

**11** 按组合键【Ctrl+E】，将所有图层合并为一层。

**12** 按组合键【Ctrl+Shift+U】，即可去除图片的颜色。

**13** 依次选择【图像】-【调整】-【亮度／对比度】命令。

14 在弹出的【亮度 / 对比度】对话框中,将【对比度】设置为【50】,单击【确定】按钮。

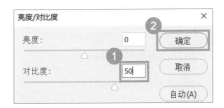

# 09 如何把风景照变成漫画效果?

在 Photoshop 中,如何快速把一张风景照做成漫画效果?

处理前

处理后

1 打开照片，依次选择【滤镜】-【Camera Raw 滤镜】命令。

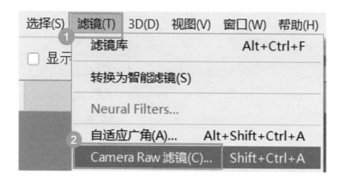

2 在弹出的 Camera Raw 滤镜对话框中，在【基本】选项组中，依次调整【色调】【曝光】【对比度】【阴影】【黑色】【自然饱和度】的参数。

3 在【混色器】选项组中选择【色相】选项。

**4** 依次调整【红色】【橙色】【蓝色】【紫色】的参数。

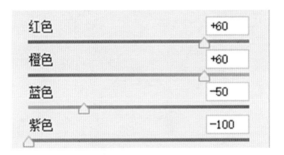

**5** 选择【饱和度】选项，调整【红色】和【橙色】的参数，单击【确定】按钮。

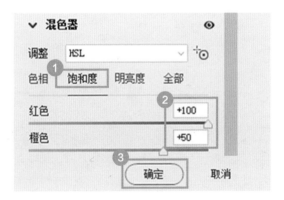